BEI GRIN MACHT SICH IHR WISSEN BEZAHLT

- Wir veröffentlichen Ihre Hausarbeit, Bachelor- und Masterarbeit

- Ihr eigenes eBook und Buch - weltweit in allen wichtigen Shops

- Verdienen Sie an jedem Verkauf

Jetzt bei www.GRIN.com hochladen und kostenlos publizieren

Bibliografische Information der Deutschen Nationalbibliothek:

Die Deutsche Bibliothek verzeichnet diese Publikation in der Deutschen National-
bibliografie; detaillierte bibliografische Daten sind im Internet über http://dnb.d-
nb.de/ abrufbar.

Impressum:

Copyright © 2004 GRIN Verlag, Open Publishing GmbH
Druck und Bindung: Books on Demand GmbH, Norderstedt Germany
ISBN: 978-3-656-83415-1

Konstantin Schmidt

Krisenherd Sudan und der "Anti-Terror-Krieg"

GRIN Verlag

Universität Stuttgart

Konstantin Schmidt

KRISENHERD SUDAN UND DER „ANTI-TERROR-KRIEG"

Wintersemester 2003/04 / Hauptseminar Politische Geographie

Gliederung und Inhaltsverzeichnis

Abbildungsverzeichnis

Tabellenverzeichnis

1 Einleitung

Der sudanesische Konflikt spielt sich als weltweit längster Bürgerkrieg im medialen Abseits ab. Nur selten wird in den Medien das Gräuel dieses Krieges, den eine Regierung gegen die eigenen Staatsbürger führt, beleuchtet. Seit seiner Unabhängigkeit im Jahre 1956 kennt der Sudan mehr Kriegs- als Friedenszeiten. Die Einführung der islamischen Sharia als verbindliche Gesetzesgrundlage auch für diejenigen, die nicht muslimischen Glaubens sind, und deren brutale Durchsetzung, sowie die Verstrickung des Regimes in Khartum mit Osama Bin Laden und seinen terroristischen Ambitionen sind nur ein Kennzeichen unter mehreren des sudanesischen Problems. Seit den Anschlägen auf das World Trade Center im September 2001 und dem daraus resultierenden, durch die USA initiierten sogenannten „Anti-Terror-Krieg" ist der Sudan wieder mehr ins internationale Blickfeld gerückt und entging wohl nur deshalb der Anti-Terror-Offensive, weil Afghanistan und der Irak dem US-amerikanischen Interesse näher lagen und liegen.

Diese Arbeit möchte einerseits zunächst die Entstehung des sudanesischen Konflikts aus der Geschichte des Staates Sudans und seiner kolonialen Vorgeschichte erklären, um dann das Phänomen des islamischen Fundamentalismus anhand des Beispieles Sudan zu beschreiben und dessen internationale Bedeutung. Zuletzt werden Lösungsansätze des Konflikts eingebracht, darunter auch Maßnahmen gegen den religiös motivierten Terrorismus, die nicht mit einer simplen Kriegserklärung einhergehen.

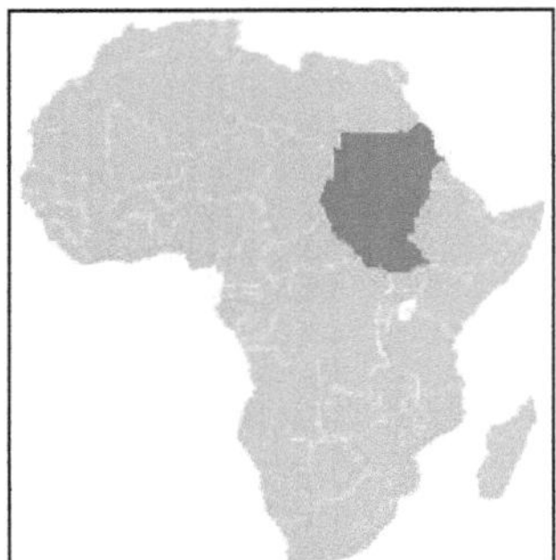

Abbildung 1: Die geographische Lage Sudans auf dem afrikanischen Kontinent (Quelle: http://de.wikipedia.org/wiki/Sudan)

2 Allgemeine Daten

Es folgt eine allgemeine Darstellung der geographischen Lage des Sudans und vor allem seiner bevölkerungs- und wirtschaftsgeographischen Aspekte.

Abbildung 2: Der Sudan (Quelle: http://de.wikipedia.org/wiki/Sudan**)**

2.1 Die geographische Lage des Sudans

Der Sudan liegt in Nordostafrika und besitzt eine 853 km[1] lange Küste mit dem Roten Meer. Umgrenzt wird er im Norden von Ägypten und Libyen, im Westen vom Tschad und der Zentralafrikanischen Republik, im Süden von der Demokratischen Republik Kongo, Uganda und Kenia, und im Osten von Äthiopien und Eritrea. Landschaftlich dominiert wird der Sudan vom Nil und seinen Tributären. Er bildet den Hauptlebensraum des Landes. In der Hauptstadt Khartum vereinigen sich der Blaue und der Weiße Nil zum Nil. Zwischen den beiden Flüssen befindet sich das Hauptsiedlungs- und Wirtschaftsgebiet. Im Norden hat das Land Anteil an der Libyschen Wüste mit einförmigen Ebenen, vereinzelten Inselbergen und aridem Klima, im Süden sind die Ausläufer des Ostafrikanischen Hochlandes mit tropischen Verhältnissen und riesigen Sumpf- und Überschwemmungsgebieten (Sudd) während der Regenzeit von April bis Oktober. Im Westen grenzt der Sudan an den Gebirgszug des Darfur, im Osten an das Hochland von Äthiopien. Der Sudan erstreckt sich somit vom ariden Sahara-Bereich durch die Sahel-Zone bis in die Tropen hinein. Mit einer Fläche von 2.505.813 km^2 ist der Sudan der größte Staat Afrikas (Wirth 2000, S. 179).

2.2 Bevölkerung und Kultur

Der Sudan hatte im Jahr 1999 27.912.000 Einwohner. Verrechnet mit der Landesfläche ergibt das eine Bevölkerungsdichte von rund 11 Einwohnern pro km^2. Das aktuelle Bevölkerungswachstum liegt bei 2,0 %, die Lebenserwartung bei 55 Jahren (Wirth 2000, S. 179).

---

[1] http://geography.about.com/library/cia/blcsudan.htm

**Tabelle 1: Großstädte im Sudan und deren Einwohnerzahlen (modifiziert nach
http://www.mongabay.com/igapo/Sudan.htm)**

GROSSSTÄDTE	BEVÖLKERUNG
Omdurman	1.670.000
Khartum	1.244.500
Port Sudan	401.100
Kassala	308.200
El Obeid	301.400
Nvala	298.400
Wad Medaniv	277.600
Oadarif	251.100
Kusti	228.000
Fashir	186.400
Juba	151.000
El Geneina	121.900
Atbarah	115.400
Waw	110.300

Als weitere wichtige Zahlen zu nennen sind ein Analphabetenanteil von 54 % und eine
Säuglingssterblichkeit von 7,1 % (Wirth 2000, S. 179).

Die ethnische Struktur der Bevölkerung lässt sich grob in zwei Teile einteilen: im Norden die
Araber oder „arabisierte" afrikanische Stämme. Im Süden schwarzafrikanische, nicht-islamische
Volksgruppen. Eine Volkszählung anlässlich der Unabhängigkeit im Jahre 1956 ergab 574
Stämme mit 114 Sprachen. Im Norden des Landes leben überwiegend Araber oder arabisierte
Schichten, die 40 bis 50 % der sudanesischen Gesamtbevölkerung ausmachen. Ebenso gibt es im
Norden hamitische Nubier (10 %). Das bedeutendste Volk im westlichen Sudan sind die Fur
(9 %). Ein differenzierteres Bild gibt der Süden ab mit einer Vielzahl verschiedener Völker, die
rund 30 % der Einwohner des Landes ausmachen. Die dominierenden Menschenrassen sind die
sogenannten Niloten und Nilohamiten, deren kulturelle Wurzeln in Schwarzafrika liegen.
Außerdem leben noch einige tausend Europäer und mehr als 500.000 Flüchtlinge auf
sudanesischem Gebiet (Giovannini 1988, S. III ff.).

Auch im Bereich der Religion bestimmen starke Gegensätze das Land. Der Islam ist
Staatsreligion und 70 % der Sudanesen sind islamischen Glaubens (Wirth 2000, S. 179). Die
Religionsgemeinschaft ist aber stark in Sekten gegliedert. Der große Rest ist mit animistischen
Naturreligionen verbunden, 5 % sind Christen. Als Amtssprache gilt das Hocharabische, obwohl
im Westen und Süden sudanesische Sprachen weitaus mehr verbreitet sind. Englisch erlangte im

Süden Bedeutung als Verkehrssprache und zum Teil als Handelssprache (Giovannini 1988, S. V).

2.3   Wirtschaft

Im Jahr 1999 lag das Bruttosozialprodukt des Sudans bei 290 US$ pro Kopf. Der Anteil der Erwerbstätigen nach Wirtschaftssektoren liegt bei 68 % in der Landwirtschaft und 32 % für Industrie und Dienstleistungen zusammen (Wirth 2000, S. 179). Die Hauptexportgüter des Sudans sind vor allem die Baumwolle und deren Samen, die im sogenannten „Gezira Scheme", das Dreieck zwischen Blauem und Weißem Nil, angebaut werden. Weiterhin bedeutend für den Export sind Erdnüsse und Sesam. Eine geringere Rolle spielen Gummi arabicum sowie Vieh und dessen Häute und Felle. Die wichtigsten Handelspartner des Sudans sind Saudi-Arabien, die ehemalige Kolonialmacht Großbritannien und Deutschland, das ein starkes entwicklungspolitisches Engagement im Sudan zeigt. Weitere wichtige Handelspartner sind Japan, die Volksrepublik China, die USA und arabische Staaten (Giovannini 1988, S. I).

Die Industrie konzentriert sich auf die Umgebung der Hauptstadt Khartum. Dabei handelt es sich um Leichtindustrie, die in den 1960er Jahren aufgebaut wurde. Schwerindustrie fehlt nach wie vor ganz (Giovannini 1988, S. I).

3   Geschichte des Sudans

3.1   Vorkoloniale Geschichte

Das Durchgangsland zwischen Ägypten und den Steppen des Sudans entlang des Nils wird auch als Nubien bezeichnet[2]. Dieser Landstrich wurde bereits im fünften Jahrhundert nach Christus christianisiert. Die offizielle Christianisierung durch das Byzantinische Reich erfolgte um 570 n.Chr., aber bereits wenige Jahrzehnte später wurden die Verbindungen durch die arabische Expansion in Nordafrika unterbunden. Der arabische Einfluss reichte aber nicht bis in den heutigen Sudan. Hier gab es eine Anzahl lokaler Fürstentümer bis das Funj-Reich ein größeres Staatsgebiet einigte (Giovannini 1988, S. 1).

3.2   Kolonialzeit

3.2.1   Die turko-ägyptische Herrschaft

Ein schwaches Funj-Reich fiel zu Beginn des 19. Jahrhunderts der Invasionsarmee Mohammed Ali Paschas zum Opfer. Ab 1821 stand das Gebiet des Sudans unter osmanischer Herrschaft und damit begann die Ausbeutung des Landes durch eine turko-ägyptische Regierung. Ein äußerst hartes Steuersystem wurde eingeführt und intensiver Sklavenhandel begann. Die sudanesische Wirtschaft wurde schwer in Mitleidenschaft gezogen. Allerdings versperrte der Sudd[3] den

---

[2] Nach wissen.de-Lexikon: Stichwort „Nubien" (http://www.wissen.de)

[3] Bei dieser Gelegenheit sei erwähnt, dass der Begriff „Sudan" vom arabischen Wort „assod" = schwarz abgeleitet wird und soviel bedeutet wie „Land der Schwarzen".

Invasoren den Weg ganz in den Süden. Nur Sklavenjäger drangen in den folgenden Jahrzehnten weiter in den Süden vor. Heute wird angenommen, dass allein im Verlauf des 19. Jahrhunderts etwa zwei Millionen Schwarzafrikaner aus dem südlichen Sudan von arabischen Sklavenhändlern verschleppt wurden (Giovannini 1988, S. 1 f.).

In den Jahren 1873/74 weitet das Osmanische Vizekönig-Reich Ägypten seine Herrschaft im Sudan weiter aus und es gelingt mit Hilfe britischer Truppen den Südsudan endgültig unter Kontrolle zu bringen. Zeitgleich herrschten im Süden heftige Kämpfe zwischen den Privatarmeen einiger Sklavenhändler und den Widerstand leistenden Völkern. In den Jahrzehnten zuvor waren bereits einige Europäer in den Süden vorgedrungen um dort Missionsarbeit für die katholische und anglikanische Kirche zu verrichten. 1846 hatte Papst Gregor VI. ein apostolisches Vikariat für Zentralafrika mit Sitz in Khartum gründen lassen. Ziel war die Abwehr eines weiteren Vordringen des Islams gegen Ostafrika. 1882 werden Ägypten und damit auch die sudanesischen Provinzen britisches Protektorat (Giovannini 1988, S. 2).

3.2.2   Der erste islamische Staat unter Mahdi

Der Mahdi-Aufstand von 1885 war ein erstes Vorzeichen der Verknüpfung von Religion, also dem Islam, und Politik, was im Sudan von verändernder Natur sein kann. Mohammed Ahmed El Mahdi gelingt es das Volk hinter sich zu scharen, indem er zum „Jihad", zum „Heiligen Krieg", gegen die britisch-ägyptische Besatzung aufruft. Der Aufstand ist erfolgreich und der Sudan ist bis 1899 ein unabhängiger islamischer Staat. Der Norden kann sich in dieser Zeit national einigen während der Süden wiederum durch eine erneute Etablierung eines staatlich organisierten Sklavenhandels durch die herrschenden Mahdisten ins Chaos stürzt. Die schwarzen Stämme bekämpfen die Mahdisten heftig, aber mit wenig Erfolg. Erst als belgische Truppen 1897 Teile des Südens besetzen und für Belgisch-Kongo beanspruchen, können die Muslime des Nordens zurückgedrängt werden (Giovannini 1988, S. 3).

3.2.3   Das britisch-ägyptische Kondominium

1899 schaffen es die geeinten britischen und türkisch-ägyptischen Truppen den Nachfolger des bereits 1885 verstorbenen Mahdi, Khalifa Abdullah, zu besiegen und die Herrschaft der Mahdisten im Sudan zu beenden. Strategische Überlegungen der Engländer hatten dazu geführt den Sudan wieder einzunehmen, denn wer Kontrolle über den Oberlauf des Nils hat, der hat auch Kontrolle über Ägypten und damit den Suezkanal. Für den britischen Premier Lord Salisbury bedeutete der Sudan eine „Hintertür nach Kenia". Da die Briten jedoch bislang immer im Auftrag des Osmanischen Reiches gehandelt hatten, wurde der Sudan nicht eine weitere britische Kolonie, sondern die Herrschaft wurde mit dem vormals osmanischen Ägypten durch den Kondominium-Vertrag geteilt. In der Praxis sah es jedoch so aus, dass die Briten einen wesentlich stärkeren Einfluss nahmen und den Sudan auch nach ihren Vorstellungen regierten. Zunächst mussten aber die äußeren Grenzen festgelegt werden, was bis 1913 dauerte und dem Sudan seine heutige Form gab.

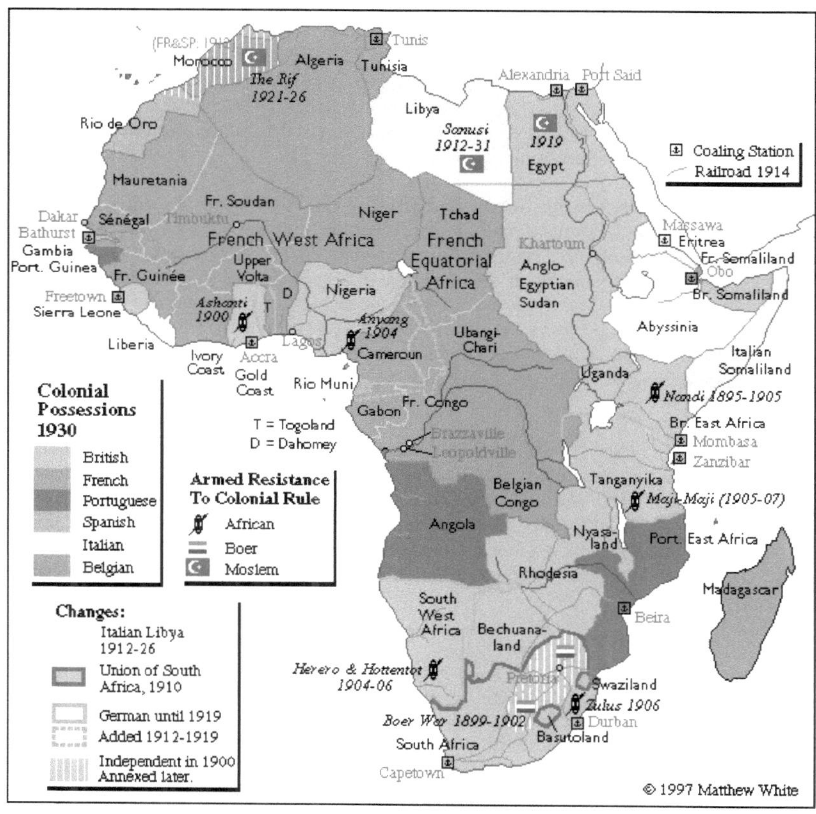

Abbildung 3: Afrika im frühen 20. Jahrhundert (Quelle: http://users.erols.com/mwhite28/afri1914.htm)

Das Land wird bis 1926 unter Kriegsrecht regiert und die bedeutenden Posten werden von Angehörigen der britischen, seltener der ägyptischen Armee besetzt. Als geeignetes Verwaltungssystem scheint das Prinzip der „indirect rule", so dass lokale Autoritäten und Fürsten unter Beibehaltung oder Wiederbelebung traditioneller Herrschaftsstrukturen die Verwaltung ausführen. Die tatsächliche Befriedung des Landes war aber immer noch nicht gelungen. Besonders Stämme im Süden, aber auch im Westen leisten noch Widerstand gegen eine neuerliche Okkupation. 1919 und 1927 werden Provinzgouverneure ermordet. 1930 verkünden die Briten einen befriedeten Sudan, aber eine längere Zeit des Friedens gab es nie (Giovannini 1988, S. 5 f.).

Nord- und Südsudan werden aber weiterhin getrennt verwaltet. Während im Norden ein intaktes arabisches Bildungssystem vorliegt, gibt es im Süden nur ein löchriges Schulwesen, das von Missionaren kaum aufrecht erhalten werden kann. Um ein Übergreifen nordsudanesischer, islamischer Bildungsstrukturen, die dem Süden von je her fremd waren, sowie eine Ausbeutung des Südens durch den Norden zu verhindern, sorgt die Kolonialmacht dafür, dass arabische Missionare und Händler im Süden keinen Fuß fassen können. Das Christentum sowie die englische Sprache sollen im Süden eingeführt werden, um später den Süden vom Norden komplett lösen zu können und ihn in eine große Ostafrikanische Föderation unter britischer Kontrolle eingliedern zu können. Das Englische ersetzt das Arabische als Verkehrssprache und das Christentum entwickelt sich zu einem verbindenden Glied zwischen den animistischen Stämmen. Nennenswerte ökonomische oder edukative Fortschritte vermochte die britische Kolonialmacht nicht zu vollbringen.

Der ökonomische Fortschritt im Nordsudan gestaltet sich als weitaus erfolgreicher. 1925 wird das Gezira Sheme im Nildreieck südlich von Khartum eröffnet. Dieses Bewässerungsprojekt ermöglicht einen intensiven Baumwollanbau, was einen bedeutenden Schritt für das Hauptexportprodukt bedeutet. Doch die einseitige Ausrichtung auf Baumwolle führt dazu, dass der schwankende Weltmarktpreis große Auswirkungen auf die gesamte sudanesische Wirtschaft hat. In der Zwischenkriegszeit bauen die Briten die Infrastruktur des Nordens recht großzügig aus. Der Eisenbahnbau wird stark forciert, so dass der Sudan heute über das längste Eisenbahnnetz Afrikas verfügt, dessen gegenwärtiger Zustand jedoch desolat ist (Giovannini 1988, S. 6 f.).

Politisch gesehen spielte der Nordsudan auch die entscheidende Hauptrolle in dieser Zeit, während es dem Süden vor allem an Einigkeit mangelte, weil die politische Tradition in den einzelnen Stämmen fixiert war und es keine gemeinsame „südsudanesische Linie" gab. Häufig standen die einzelnen Volksgruppen des Süden in feindlicher Beziehung zueinander und es gab nicht genug Intellektuelle, die als Integrationsfiguren für eine gemeinsame Politik dienen hätten können. Die Interessen des Südens konnten deshalb nicht nachhaltig vertreten werden (Giovannini 1988, S. 7 f.).

3.2.4   Der Weg in die Unabhängigkeit

Die Unabhängigkeitsbewegung wird von verschiedenen Gruppierungen und Bewegungen getragen, die aus der sudanesischen Besonderheit der vielen diametral gegenüber stehenden Sekten und religiösen Gruppen hervorgehen. Die bedeutendsten Sekten sind die Khatmiyya und die Ansar. Die Khatmiyya ist proägyptisch, deren Anhängerschaft setzt sich aus Bauern, aber auch Händlern und Städtern zusammen. Die Ansar ist national eingestellt und rekrutiert den Großteil ihrer Mitglieder aus dem ländlichen Westsudan. Aus der Ansar-Ecke kamen auch die Mahdisten (Giovannini 1988, S. 3). In der Kolonialzeit bildet sich die Klasse der Effendiyya heraus, eine konservative Beamtenschicht, die bald in den Einflussbereich des Mahdi gelangte. Nicht zuletzt dadurch konnten sich die Mahdisten als starke Partei fühlen und heißen seit 1945 offiziell Umma-Partei. Sie haben Züge militärischer Organisation und sind im Krisenfall dementsprechend leicht zu mobilisieren. Die Khatmiyya wurde von den Briten als Alliierte umworben und ihre Führer hatten beim Generalgouverneur einigen Einfluss. Diese Sekte gründet im Gegenzug gegen die Ansar ebenfalls eine Partei, die bei den Wahlen als National Unionist Party (NUP) auftritt. Damit waren zwei Blöcke geschaffen, zwischen denen Briten und Ägypter keine religiös unabhängigen politischen Kräfte organisieren konnten (Giovannini 1988, S. 9).

Kurz nach dem Zweiten Weltkrieg erwacht auch bei der proägyptischen Fraktion das Nationalgefühl und Großbritannien wird als Kolonialmacht verdammt. Ein vereinigter Sudan wird verlangt. Aus Rücksichtnahme auf Kairo ändern die Briten daraufhin ihre Politik und berufen 1947 die Juba-Konferenz ein, die die Möglichkeiten der Integration des Südens in den weiter entwickelten Rest des Landes prüfen soll. Der Süden macht bei dieser Konferenz kein gutes Gesicht, da er immer noch an den vorher beschriebenen strukturellen Schwierigkeiten mangelnder Einigkeit leidet und befindet sich in einer für die Verhandlungen schwächeren Position. Sein Vorschlag den Südsudan zunächst weiter zu entwickeln und über den Anschluss an den Kongo, Uganda oder den Nordsudan frei entscheiden zu lassen, wird von den Briten schroff abgelehnt. Schließlich stimmen die Delegierten des Südens unter der Bedingung für einen Zusammenschluss mit Nordsudan, dass der neue Staat eine föderalistische Gestalt erhält, die dem Süden – unter Rücksichtnahme auf seine Unterschiedlichkeit – eine weitgehend selbständige Verwaltung erlauben soll. Damals wurde das Jahr 1966 als mögliches Startjahr für einen sich selbst verwaltenden und geeinten Sudan ins Auge gefasst (Giovannini 1988, S. 9 f.).

1951 kündigt Ägypten den Kondominium-Vertrag und ruft König Faruk auch zum König über den Sudan aus. Vor die Wahl gestellt sich Ägypten zu beugen oder den sudanesischen Nationalisten mehr Rechte einzuräumen, entscheidet sich Großbritannien für letzteres und die Selbstregierung wird schon für 1952 in Aussicht gestellt. Durch einen Militärputsch kommt schließlich 1952 General Naguib in Kairo an die Macht, der die Nordsudanesen geeint hinter sich bringen und eine Front gegen Großbritannien bilden kann. London muss daraufhin die Unabhängigkeitsbestrebungen respektieren, so dass noch 1953 Wahlen durchgeführt werden. Somit setzen sich die nationalen Bemühungen der arabisierten Sudanesen schneller durch als erwartet, während die Vorschläge und Initiativen schwarzer Sudanesen von der arabischen Mehrheit unterdrückt und ignoriert werden. Im Süden war man eher noch der Ansicht, dass der Sudan noch nicht genug entwickelt wäre und plädierte für einen Weiterverbleib bei England. Eine Welle afrikanischen Nationalgefühls hatte die Südsudanesen noch nicht erreicht (Giovannini 1988, S. 10 f.).

Die Wahlen im Jahre 1953 enden mit einem Triumph der NUP und ihr Führer Ismail al-Azhari kann die erste sudanesische Regierung bilden. Im Parlament stehen vier arabischen Parteien nur einer „schwarzen" Organisation gegenüber, die „Southern Party" (später „Liberal Party"). Die Vertretung der Interessen des Südens war bei der arabischen Regierung de facto unmöglich. Häufig wurden Zusagen gebrochen. Immer stärker wird der Gegensatz zwischen Nord und Süd sichtbar, der durch die britische Kolonialpolitik der letzten Jahrzehnte nur noch verschärft worden war. Die Briten hatten die Verwaltungsposten nur zu einem Prozent mit Südsudanesen besetzt obwohl sie rund ein Drittel der sudanesischen Gesamtbevölkerung ausmachten. Der Rest wurde mit Nordsudanesen besetzt. Die sich entwickelnde sudanesische Armee stand nun von Anfang an unter arabischem Kommando. Noch waren die schwarzen Polizei- und Militäreinheiten des Südens loyal und halfen bei der Löschung von Unruheherden im Süden, jedoch je mehr die militärische Hoheit an die Nordsudanesen übergeben wurde, desto mehr stieg das Misstrauen. Die Regierung in Khartum verlegt Einheiten aus dem Norden in den Süden und aus dem Süden in die Hauptstadt. Die Folge dieser Invasion aus dem Norden ist die Meuterei der Equatoria-Truppe im August 1955, bei der 261 Nordsudanesen, die im Süden leben, ums Leben kommen. Der zweite Bürgerkrieg zwischen Nord und Süd nach den Kämpfen der Volksgruppen im Süden gegen die Islamisierung durch die Mahdisten Ende des 19. Jahrhunderts bricht aus. Der Süden verlangt einen Volksentscheid unter UN-Aufsicht, den London aber wieder kategorisch ablehnt. Die arabischen Abgeordneten versichern aber, dass die zukünftige verfassungsgebende Versammlung der Forderung nach einer Föderation volle Beachtung schenken werde und somit stimmen auch die 22 südsudanesischen Parlamentsmitglieder für die Unabhängigkeit des Sudans. Die Weichen für den Unabhängigkeitstag am 1.1.1956 sind gestellt (Giovannini 1988, S. 11 f.).

Abbildung 4: Der unabhängige Sudan und seine Provinzen 1956 (Quelle: O'Ballance 2000, S. XVIII)

3.3   Der unabhängige Staat Sudan

Am 1.1.1956 beginnt der Sudan seinen Weg als unabhängiger Staat. Al-Azhari ist mit seiner NUP an der Macht, doch kurze Zeit später spaltet sich die Partei auf und die Khatmiyya organisiert sich in der People's Democratic Party (PDP) neu, so dass al-Azhari seine Mehrheit verliert. Es bildet sich eine „historische" Koalition zwischen der Umma der Ansar-Sekte und der PDP, die relativ schnell den Sudan innen- und außenpolitisch aufbaut. Doch auch hier brechen bald Gegensätze auf. Die proägyptische Khatmiyya will Kairo anlässlich der Suez-Krise mehr unterstützen, die nationale Umma lehnt ab. Auch Uneinigkeiten über die Form des Parlamentarismus (englischer Westminster-Parlamentarismus oder das amerikanische Modell) und das rapide Schwinden der Währungsreserven durch Misswirtschaft mit daraus folgenden unpopulären Maßnahmen machen die neue Regierung sehr instabil. Die Suche nach westlicher Hilfe wird von der links orientierten PDP abgelehnt. Neuwahlen 1958 verändern nichts am bestehenden Machtgefüge und der Konflikt mit dem Süden besteht auch immer noch (Giovannini 1988, S. 14 f.).

3.3.1   Die Militärregierung Aboud und die Zeit bis 1969

Ein friedlicher Militärputsch scheint als einzig mögliche Lösung und so ergreift am 17.11.1958 General Ibrahim Aboud auf friedlichem Weg die Macht. Die sich einsetzende Militärregierung wird als Übergangslösung gedacht und erfährt deshalb kaum politische Opposition. Wirtschaftliche Erfolge stellten sich bald ein, jedoch erwies sich auch bald, dass Aboud mit der Auflösung des Parlaments und dem Verbot aller Parteien dokumentierte, dass er nicht gewillt war seine Machtposition freiwillig zu räumen. Die Auseinandersetzungen mit dem Süden heizten sich auf. In den christlichen Missionen wird der Hauptfeind gesehen. Sie würden dazu beitragen den Separatismus des Südens zu verstärken. Die Einführung des Freitags als öffentlicher Ruhetag und die damit verbundene Abschaffung des christlichen Sonntags im Süden führt im Februar 1960 zu einer Streikwelle im Süden. Militante Aktionen gibt es aber nur vereinzelt. Als auch im Norden der Amtsmissbrauch und die Korruption zahlreicher Funktionäre des Regimes bekannt werden, erwacht der Widerstand. Im Süden bildet sich die „Anya-Nya", ein Zusammenschluss verschiedener kleiner Kampfeinheiten des Südens, die ab September 1963 erste Anschläge gegen staatliche Einrichtungen durchführt. Aboud sieht dies als rein militärisches Problem und nicht als politisches, was zu einer raschen Eskalation der Lage führt (Giovannini 1988, S. 15 f.).

Die Probleme im Süden und in anderen Bereichen vergrößern sich. Wirtschaftliche Schwierigkeiten und finanzielle Engpässe im Jahr 1964 bringen den Verlust der Glaubwürdigkeit und fördern Unruhen in der Bevölkerung. Nach der Eskalation der Gewalt am 21.10.1964, wo Polizisten in einen Menge von Demonstranten schossen und einen Studenten töteten, erfasst ein Generalstreik das Land. Aboud verliert den Rückhalt auch bei seinen eigenen Leuten und muss seine Regierung am 26.10.1964 auflösen und kündigt eine Übergangsregierung an. Diese besteht aus sämtlichen politischen Kräften des Landes, von der radikalen Moslem-Bruderschaft bis hin zu Kommunisten, aber auch Gewerkschaftern und parteilosen Akademikern. Bedeutsam war das erstmalige Übergewicht einer weltlich eingestellten, bürgerlichen Stadtbevölkerung in der Regierung, die als Gegenspieler zu den Sektenparteien zu betrachten war. Jedoch kann auch diese die Probleme des Landes, vor allem den Konflikt mit dem Süden nicht lösen. Die Gegensätze verschärfen sich sogar noch. 1965 werden Wahlen abgehalten und der Sudan kehrt zurück zu einer parlamentarischen Demokratie. Es kommt zu einer großen Koalition zwischen Umma und NUP, die treibenden Kräfte der Säkularisierung, die Kommunisten, gehen trotz Wahlerfolg in die Oppsition. Schon wenige Monate später wurden sie verboten und aus dem Parlament geworfen (Giovannini 1988, S. 17 f.).

Die folgenden Jahre sind geprägt von Macht- und Intrigenspielen und weniger von konkreten Bemühungen um eine Lösung der großen Probleme des Landes. Die Parteien splittern sich auf, man befindet sich immer noch im Bürgerkrieg mit dem Süden, und es gibt nach wie vor immer noch keine Verfassung in diesem nun schon zehn Jahre alten Staat! Die ständigen Machtverschiebungen, der Bürgerkrieg und die Zersplitterung rufen 1969 das Militär erneut auf den Plan (Giovannini 1988, S. 18 ff.).

3.3.2   Die Ära Nimeiri

Im Mai 1969 ergreift Generalmajor Gaafar Mohammed El Nimeiri als Haupt einer
Militärregierung die Macht im Sudan, nicht ohne zu betonen, dass die vorhergegangenen,
zunehmend korrupten Regierungen vor allem am Südsudanproblem gescheitert waren. Er sichert
dem Süden sofortige Autonomie zu und setzt den südsudanesischen Kommunisten Joseph
Garang, der im Süden kaum Sympathien genießt, als Minister für „Southern Affairs" ein.
Trotzdem geht er weiterhin mit einer ihm nachgesagten schonungslosen Härte gegen die
Rebellen im Süden vor. Die starke Position linksorientierter Offiziere in der neuen
Militärregierung führt zu einem starken Engagement der UdSSR im Sudan. Die nun 30.000
Mann zählende sudanesische Armee wird von sowjetischen Beratern ausgebildet. Dazu kommen
Waffenlieferungen, Flugzeuge und Hubschrauber. Mit diesem neuen Gerät erhält der Krieg
gegen den Süden eine neue Dimension. Nimeiri kündigt den Beitritt Sudans zu einer arabischen
Föderation zwischen Ägypten und Libyen an. Der Süden wird dadurch in seinem Widerstand
noch mehr bestärkt und die engen Verbindungen des Sudans mit Ägypten, Libyen und der
UdSSR machen die südsudanesische Befreiungsfront erstmalig zu einem interessanten Partner
für auswärtige Mächte. Nimeiri hievt damit den innersudanesischen Konflikt in eine neue
internationale Dimension. 1969 beginnt Israel die Anya-Nya mit regelmäßigen
Waffenlieferungen zu unterstützen. Israel war nicht an der Unabhängigkeit des Südens
interessiert, sondern an der Prellbock-Funktion der Süd-Rebellen gegen die antiisraelische
Politik Nimeiris. Aber sie schafften es durch die Stärkung und Ausbildung der Anya-Nya die
anderen Rebellengruppen im Süden zu neutralisieren (Giovannini 1988, S. 57 f.).

Der Süden fasste die neuen Autonomie-Zusagen Nimeiris misstrauisch auf und sah dahinter nur
den arabischen Nationalismus, der unter dem Tarnmantel eines arabischen Sozialismus weiterhin
versuchte, den afrikanischen Nationalismus des Südens zu unterdrücken. Außerdem kam schnell
der berechtigte Vorwurf, Nimeiri habe den Sudankonflikt internationalisiert. Widerstand gegen
Nimeiri auf nordsudanesischer Seite regte sich von Seiten der islamistisch und nationalistisch
eingestellten Ansar-Sekte, sowie von der eigentlich loyalen „Sudan Communist Party" (SCP),
die Nimeiri auflösen wollte, um sie mit seiner neuen Einheitspartei, der „Sudan Socialist Union"
(SSU), zu ersetzen. So gelang es einer kleinen Gruppe linker Offiziere Nimeiri 1971 für drei
Tage zu entmachten. Jedoch holte er sich mit Hilfe Libyens und Ägyptens seine Macht zurück.
Mit einer blutigen, massakerartigen Säuberung innerhalb der eigenen Reihen gemäß seinem
durchgreifendem Image – auch sein Southern-Affairs-Minister Garang fiel dem zum Opfer –
schafft Nimeiri es, sich als Staatspräsident in einem Referendum unter einer Atmosphäre der
Einschüchterung bestätigen zu lassen. Die Kommunisten waren eliminiert und nun konnte bei
einer Lösung des Südsudanproblems niemand mehr den Erfolg den Kommunisten, sondern nur
ihm zuschreiben (Giovannini 1988, S. 66 ff.).

Die Stärkung der Anya-Nya durch Israel führte für Israel ungewollt zu einer so starken Position
des Südens, dass bei den Friedensverhandlungen in Addis Abeba 1972 tatsächlich eine
brauchbare Friedenslösung ausgehandelt werden konnte. Damit wurde der Sudan aber nicht in
Israels Sinne geschwächt sondern eher gestärkt (Giovannini 1988, S. 68). Gemäß dem
Abkommen von Addis Abeba erhält der Südsudan eine autonome Regierung, die über eine
eigene Polizei verfügt. Es herrscht Religionsfreiheit und die Beteiligung an der Zentralregierung
in Khartum wird garantiert. 17 Jahre Bürgerkrieg gehen damit endlich zuende und infolge dessen
erholt sich das sudanesische Wirtschaftssystem und ein funktionierendes Schulsystem kann
wieder aufgebaut werden. In Juba wird eine Universität gegründet und auch andere Städte des
Südens erhalten Hochschulen. Eine gewisse Normalität stellt sich ein. Aber das bleibt nur von
kurzer und eher theoretischer Dauer, denn vielen Nordsudanesen ist diese Politik ein Dorn im
Auge (Akok et al. 2002, S. 50).

Im Januar 1973 gibt Nimeiri dem Land schließlich die erste dauernde Verfassung. Laut Artikel 1 der Verfassung ist der Sudan „eine unitaristische, demokratische, sozialistische und souveräne Republik und Teil sowohl der arabischen wie auch der afrikanischen Gemeinschaft". Im Norden des Landes beginnt sich Widerstand gegen Nimeiri, den „Zerstörer des arabischen Einheitsstaates", zu formieren. Man setzt auf die konservative Regierung Saudi-Arabiens, die aber die Unterstützung versagt, da sie ab 1973, nachdem sich Numeiri prowestlich zu orientieren beginnt, in seinem Regime den „strengen Wächter saudi-arabischer Interessen im Sudan" sieht. Nach dem gescheiterten Putschversuch kommunistischer Kräfte im Jahre 1971, den Nimeiri wie schon erwähnt blutig rächte, beginnt er sich vom Ostblock abzuwenden und sucht die Nähe der westlichen, kapitalistischen Länder. Eine große Verstaatlichungswelle Anfang der 1970er Jahre zu Beginn seiner Amtszeit wird bis Mitte der 1970er Jahre wieder rückgängig gemacht. Das Land öffnet sich immer mehr den Einflüssen westlicher und erdölfördernder Staaten, insbesondere Saudi-Arabien und Kuwait. Der Sudan sollte der „Brotkorb Arabiens" werden. Oberflächlich gesehen schien die Wirtschaft in 1970er Jahren eine positive Entwicklung durchzumachen, aber in Wirklichkeit geschah dies nur durch außergewöhnlich hohe Finanzspritzen aus dem Ausland, insbesondere durch Weltbank und dem Internationalen Währungsfonds (Giovannini 1988, S. 69 f.).

Numeiris Verbindungen zur konservativen arabischen Welt zwingen die Opposition sich neue Operationsbasen zu suchen. Libyen scheint geeignet, wo Ghaddaffi seine Vorstellung von Sozialismus verwirklicht. Der kapitalistische Einfluss, das Massaker an Linksorientierten lassen den Sudan als Feind erscheinen. Auch Äthiopien eignet sich, das sich 1974 von seinem Kaiser Haile Selassie entledigt hat, sich im Eritrea-Konflikt befindet und von der UdSSR zunehmend beeinflusst wird. Von diesen beiden Ländern aus starten zwei neue Putschversuche im September 1975 und Juli 1976. Nimeiri kann den Anschlägen entgehen und rächt sich wieder seinem Ruf entsprechend. Zu dieser Zeit befindet sich der große Teil der ohnehin recht kleinen gebildeten Schicht des Sudans wie Mediziner und Ingenieure im Ausland und dieser Mangel macht sich negativ bemerkbar. Der Staat gibt 40 % seines Budgets für das Militär aus, um die Putschgefahr abwehren zu können. Die Wirtschaft beginnt zu leiden. Auf Empfehlung der Saudis steuert Nimeiri eine neue nationale Einigung an und lässt nationalkonservative und islamistische Kräfte wieder ins Land zurückkehren. Bald darauf beruhigen sich die Beziehungen zwischen den Staaten des nordostafrikanischen Raums wieder. Doch die Aussöhnung mit den rechtsorientierten Strömungen führte wiederum zur Verschärfung des Verhältnisses zum Süden. Nimieris Regime kann sich schwer zwischen den beiden Polen linker säkularer und rechter religiöser Kräfte halten und deshalb schlägt er sich zugunsten des rechten Lagers – mit fatalen Folgen. Der arabische Nationalismus kam wieder zum Vorschein und der Süden musste nun erneut um die erst vor kurzem erlangten Zugeständnisse fürchten. 1979 wird im Süden Erdöl gefunden, was die Situation noch mehr verschärft, denn jetzt erst recht möchte der Norden auf gar keinen Fall den Süden seinen eigenen Weg gehen lassen (Giovannini 1988, S. 71-74).

Die schlechte Wirtschaftslage zu Beginn der 1980er Jahre trägt immer mehr zur Instabilität des Regimes bei und 1983 eskaliert die Situation, als sich eine dramatische Dürresituation abzeichnet, die Nimeiri starrköpfig abzuleugnen versucht. Die Zahl der Flüchtlinge aus den kriegführenden und hungernden Nachbarstaaten Äthiopien, Uganda und Tschad wächst bis auf 1,25 Millionen an. Die Verschuldung des Sudans liegt mittlerweile bei 9 Mrd. US$, allein die Zinsen dafür kann der Staat nicht mehr zahlen. Der Internationale Währungsfonds fordert daher vehement wirtschaftliche Lenkungsmaßnahmen und vor allem die Streichung der Subventionen für Grundnahrungsmittel. Um den innenpolitischen Druck abzuschwächen reagiert Nimeiri mit der Einführung des fundamentalistischen islamischen Rechts, der Sharia, im September 1983 sowie der Einschränkung der Autonomie des Südsudans. Die Sharia sollte nur für Muslime gelten, jedoch bald gehörten auch Christen zu denjenigen, denen die Hand bei Diebstahl abgehackt wurde. Nimeiri erklärte, dass alle vor der Sharia gleich seien und mit der Aufhebung des Abkommens von Addis Abeba war der Ausbruch eines neuen Bürgerkrieges vorprogrammiert. Mit der Meuterei in der Stadt Bor beginnt 1983 der dritte sudanesische Bürgerkrieg, der eigentlich bis heute noch andauert. Zuvor hatte sich im Süden die „Sudanese Peoples Liberation Movement" (SPLM) gegründet, deren militärischer Arm, die SPLA, Krieg gegen die staatlichen Truppen führt. Nimeiri schafft es nicht mehr sich zwischen all den Konfliktparteien zu halten. Am 6.4.1985 wird er nach einem dreitägigen Generalstreik entmachtet, indem die Militärführung die Macht übernimmt während Nimeiri in Kairo weilt (Giovannini 1988, S. 75-83).

3.3.3   Militärische Übergangsregierung und die Sadik-Mahdi-Regierung

Am Abend des 6.4.1985 erklärt General Swar el Dahab, dass das Nimeiri-Regime abgesetzt wurde und die SSU aufgelöst wurde. Ein Jahr später soll eine zivile Regierung wieder eingesetzt werden (O'Ballance 2000, S. 143). Es regiert jetzt das „Transistorial Military Council" (TMC). Das Abkommen von Addis Abeba wird wieder zur Grundlage der Nord-Süd-Koexistenz, jedoch bleibt die Verwaltung des Südens während der Übergangsperiode der Militärregierung in Khartum. Die SPLA wurde dadurch zwar geschwächt, indem einige Südpolitiker diesen neuen Kurs begrüßten, jedoch blieb die feindselige Haltung und das Misstrauen im Grunde genommen erhalten (Giovannini 1988, S. 91 f.).

Im Juli 1985 sprechen die USA eine Terrorwarnung für den Sudan aus. US-Bürger sollen nicht nach Khartum reisen, da es offensichtlich sei, dass der Sudan ein Militärabkommen mit Libyen geschlossen habe. Internationale Terroristen befänden sich in der Hauptstadt. Vorausgegangen war die Ablehnung Sudans an einer gemeinsamen Militärübung mit den USA und vereinzelten arabischen Staaten teilzunehmen (O'Ballance 2000, S. 149).

Im April 1986 finden allgemeine Wahlen statt. Die erste Wahl seit 1968. Mehr als 40 Parteien stellen sich zur Wahl, darunter viele, die von Nimeiri verbannt worden waren. Gewinner wird die Umma-Partei unter Sadik Mahdi. Dieser wird Premier und beginnt seine Regierungsarbeit am 15.5.1986. Der Süden distanziert sich von der neuen Regierung und dem Parlament, weil er sich unterrepräsentiert fühlt und in gewissen Regionen gar keine Wahlen abgehalten worden waren. Mahdi kündigt an, die Sharia-Gesetze durch neue zu ersetzen, die Militärabkommen mit Libyen und Ägypten zu revidieren und eine neue nationale verfassungsgebende Versammlung vorzubereiten. Der Krieg im Süden intensiviert sich (O'Ballance 2000, S. 152 f.). Doch auch Mahdi schaffte es nicht sich trotz gutem Willen zur Demokratie und Abschaffung der Sharia durchzusetzen. Friedensverhandlungen mit dem Süden scheiterten, der Krieg kostete soviel Geld, dass er die Wirtschaft und die Preise nur noch mehr ruinierte. Seine Koalitionsregierungen zerbrachen, formierten sich neu, aber es bewegte sich nichts. 1987 gab es die schwersten Unruhen seit der Endphase von Nimeiri. Die Bevölkerung konnte die hohen Preise, die aufgrund der Bedingungen des Internationalen Währungsfonds und der Kriegskosten entstanden waren, nicht mehr akzeptieren (Giovannini 1988, S. 97-100).

Am 15.5.1988 explodiert in einem Khartumer Hotel, das von vielen Briten besucht wird, eine Zeitbombe. Sieben Menschen kommen ums Leben. Terror von islamisch-fundamentalistischer Seite soll Mahdi einschüchtern (O'Ballance 2000, S. 164).

3.3.4   Das Bashir-Regime und die 90er Jahre

Mahdis Regierungszeit endet am 30.6.1989 mit einem gewaltfreien Militärputsch einer Gruppe von Armeeoffizieren unter der Führung des selbst ernannten Generals Omar Hassan al-Bashir. Er bezeichnet die Regierung Mahdis als richtungs- und orientierungslos, die in keinem Interesse handle. Er schafft alle demokratischen Institutionen des Staates ab, hebt die Verfassung auf, verbannt Gewerkschaften und führt die Zensur der Medien ein (O'Ballance 2000, S. 165). Bashir beharrt auf den Sharia-Gesetzen und lässt sich auch nicht durch den ehemaligen US-Präsidenten Jimmy Carter bei Gesprächen und Friedensverhandlungen in Nairobi im Dezember 1989 davon abbringen. Der Krieg verschärft sich erneut im Januar 1990. Die Menschenrechtsorganisation „Africa Watch" stellt am 18.3.1990 fest, dass der Sudan eine humane Katastrophe darstellt. Über 500.000 Menschen sind bisher in diesem Bürgerkrieg ums Leben gekommen. Sowohl die Regierung als auch die SPLA benutzen den Hunger als Waffe. Tausende Frauen und Kinder sind Opfer der Sklaverei geworden. Politische Häftlinge werden gefoltert. Einige westliche Journalisten, die im Sudan arbeiten, wurden inhaftiert oder deportiert. Der Grund warum die Menschen in Khartum Bashir zunächst begrüßten war die Hoffnung auf ein Ende des wirtschaftlichen und sozialen Chaos. Die Suche nach einer starken, totalitären Hand bestand. Den Staatsstreich hatte Hassan Turabi, Führer der Nationalen Islamischen Front (NIF), geplant. Er hatte an der Sorbonne studiert und predigte einen schleichenden Übergang zur Islamisierung. Er war der Chefideologe der NIF (O'Ballance 2000, S. 166 ff.).

Die NIF vertrat offen eine kämpferische Auslegung des Islam gegen den Süden. Zu Zeiten Nimeiris und in der Übergangszeit 1985/86 gelang es ihr zahlreiche Anhänger in die Armee einzuschleusen. Nach der Machtübernahme am 30.6.1989 überbot das neue NIF-Regime seine Vorgänger mit einer Radikalität, die das Land noch nie gesehen hatte. Die Junta leistete einen Schwur, in wenigen Monaten nach der Machtübernahme das Reich Gottes auf Erden auf dem Boden des Sudan einzurichten. Das Problem mit dem Süden sollte religiös gelöst werden – mit einer Entschlossenheit, den Gottesfeinden eine Lektion zu erteilen, die sie nie vergessen würden. Das Regime entwickelte drei Strategien: erstens das Entwickeln einer medialen Propaganda-Maschinerie, zweitens die Errichtung eines paramilitärischen Apparats zur Eliminierung der Ungläubigen. Dazu wurden Gotteskrieger, sogenannte Mudschahedin, rekrutiert und ausgebildet. Drittens wird der Hunger als Waffe eingesetzt. Hilfsgüterlieferungen aus dem Ausland werden beschlagnahmt und als Druckmittel eingesetzt (Akok et al. 2002, S. 82-86).

1991 wird aus der bisherigen Demokratischen Republik Sudan eine Islamische Republik. 1993 verkündet das Regime den Jihad gegen den Süden. Auch Kämpfer aus dem Ausland, darunter der finanziell kräftige Osama Bin Laden, auf dem im nächsten Kapitel noch intensiver eingegangen wird, werden mit involviert. Obwohl die sudanesische Regierung Ende September 2001 erklärte, dass sie auf die Unterstützung der islamischen Fundamentalisten verzichtet, wurde der Jihad gegen die Ungläubigen am 4.10.2001 erneut durch den Regierungsvizepräsidenten Ali Osman Muhammad Taha verkündet (Akok et al. 2002, S. 53). Beobachter sprechen mittlerweile beim Khartumer Regime vom „Zweiten Talibanregime" oder den „Taliban von Afrika". Das spielt auf die Verwicklungen des Regimes mit dem internationalen Terrornetzwerk an. Außerdem wird im Sudan immer noch Sklavenhandel mit Frauen und Kindern aus dem Süden betrieben (Akok et al. 2002, S. 55 f.).

Abbildung 5: Al-Bashir beim UN-Millenium-Gipfel 2000 (Quelle: http://www.cnn.com/2000/US/09/05/un.summit.names.reut/)

4 Die Rolle Osama Bin Ladens im Sudan

Von Osama Bin Laden wird angenommen, dass er der Führer der Islamischen Fundamentalisten und der sogenannten „Internationalen Koalition von Islamischen Radikalen" ist. Al Quaida ist die Basis dieses Zusammenschlusses. Im Sudan gehört die NIF zu dieser Koalition. Bin Ladens Vermögen wird auf ca. 290 Millionen US$ geschätzt. In 80 Ländern dieser Welt hat Al Quaida Konten, in nur 20 wurden diese bisher eingefroren (Akok et al. 2002, S. 139 f.).

4.1 Die Zeit im Sudan (1991-1996)

Osama Bin Laden wurde Anfang der 90er Jahre aus Saudi-Arabien ausgewiesen, weil er Widerstand gegen die Stationierung US-amerikanischer Streitkräfte geleistet hatte. 1991 flog er in den Sudan, wo er seit 1989 unter offiziellem Schutz des Regimes der NIF stand. Vom Sudan aus setzte er seine Aktivitäten gegen die USA und Saudi-Arabien fort. Das sudanesische Regime ermöglichte es ihm weltweit und ohne Einschränkungen zu agieren. Ihm wurden sudanesische Diplomatenpässe ausgestellt, mit denen er in zahlreiche Länder reiste um dort Kontakte zu knüpfen, Minister und Geheimdienste zu bestechen und Kapital für sein späteres Terrornetzwerk zu sammeln. Turabi gründete den weltweiten Islamistenverband „Poular Arabic and Islamic Conference" (PAIC), der allein 1995 dreimal in Khartum zusammenkam mit Teilnehmern aus über 80 Ländern. Bin Laden konnte im armen Sudan innerhalb weniger Monate zahlreiche Anhänger mobilisieren und wies im Februar 1993 zum ersten Mal seine Anhänger an einen Terroranschlag gegen das World Trade Center in New York durchzuführen. Der erste World-Trade-Center-Anschlag wurde den US-Behörden zufolge von radikalen Muslimen durchgeführt, die enge Verbindungen zu Bin Laden hatten. Bin Laden knüpfte auch Kontakte zu zahlreichen islamischen Banken. Er finanzierte Milizen im Kampf gegen Südsudan, die kurzzeitig nicht vom Khartumer Regime finanziert werden konnten. Über Khartum konnte er auch reichlich Waffen, Munition und Sprengstoff importieren (Akok et al. 2002, S. 140 ff.).

4.2   Die Vermittlung nach Afghanistan

1995 wurden bei einem Bombenanschlag in in El-Riad fünf amerikanische und indische Soldaten getötet. Die USA übten Druck auf Khartum aus, worauf Bin Ladens Aktivitäten im Sudan verringert wurden. Er wandte sich an das Taliban-Regime in Afghanistan unter Mullah Omar und wurde dort mit offenen Armen empfangen. Von hier aus erklärte er den Jihad gegen die USA und deren Einrichtungen. Bin Laden hatte im Juni 1996 Sudan verlassen, nachdem ihm dies nahe gelegt wurde, damit Khartum nicht zu sehr ins Kreuzfeuer der Kritik geraten würde und internationale Gelder nicht eingefroren werden würden. Khartum fürchtete auch um seine Beziehungen zu seinen Nachbarstaaten. In Afghanistan war Bin Ladens Vermögen mehr als willkommen. Das international isolierte Taliban-Regime brauchte dringend Geld. Mullah Omar ist mit Osama eng befreundet und eine seiner Töchter ist mit Osama verheiratet (Akok et al. 2002, S. 143 ff.). Die USA bombardierten unter Bill Clinton am 20.8.1998 Bin Ladens Ausbildungslager in Afghanistan und im Sudan. In der Nähe von Khartum wurde eine pharmazeutische Fabrik, die wahrscheinlich Chemiewaffen produzierte, mit Cruise Missiles bombardiert. Dies geschah in Folge der Anschläge auf die US-Botschaften in Nairobi und Dar es Salaam (O'Ballance 2000, S. 198 f.). Heute nach den Anschlägen auf das World Trade Center und dem Krieg in Afghanistan mit der Beseitigung des Taliban-Regime könnte sich Bin Laden wieder im Sudan aufhalten. Im November 2001 machte Khartum den USA das Angebot Bin Laden an die USA oder Saudi-Arabien auszuliefern. Dieses Angebot wurde jedoch abgelehnt bzw. nicht ernst genommen, weil Sudan nach wie vor tief in den internationalen Terrorismus mit verstrickt ist (Akok et al. 2002, S. 144 f.).

5   Das Sudan-Problem im internationalen Kampf gegen den Terrorismus

5.1   Die Khartumer Anti-Terrorismus-Konferenz

Im Januar 2002 lädt Khartum zu einer Konferenz über den „Internationalen Terrorismus" zahlreiche afrikanische Länder ein. Ziel ist es den Terrorismus auf dem Kontinent zu identifizieren. Dabei sollte das Augenmerk auf Somalia gelenkt werden. Angestrebt war eine gemeinsame Position der IGAD-Länder (Uganda, Äthiopien, Eritrea, Sudan, Somalia, Kenia und Djibouti). Viele der IGAD-Länder halten es für wichtig, dass Somalia aufgrund seiner Verstrickung und Unterstützung von Terroristen eine entsprechende Strafe erhält. Die Konferenz war für den 10./11.1.2002 in Khartum angesetzt. Die Gastgeberrolle verwunderte außenstehende Beobachter angesichts der Verstrickung und Unterstützung von Terroristen des Sudan. Obwohl sich das Land nach den Anschlägen in den USA von den Terroristen distanziert hat, existieren Hinweise über weiter bestehende Verbindungen (Akok et al. 2002, S. 145 f.).

Nach Meldungen von Presseagenturen wurde in Khartum nur wenig erreicht. Somalia wurde aufgefordert, sich von Terroristen zu trennen und ihnen künftig keine Unterstützung mehr zu gewähren, andernfalls drohte die Koalition gegen den Terror militärische Aktionen an. Neben den IGAD-Ländern nahmen das sogenannte IGAD-Partnerstaatenforum, bestehend aus Deutschland, USA, Frankreich, Italien, Ägypten, Norwegen und Großbritannien, teil. Am Ran der Konferenz erklärte die norwegische Ministerin für Entwicklung und Vorsitzende des IGAD-Partnerstaatenforums, dass im Jahr 2002 Frieden nach Sudan komme (Akok et al. 2002, S. 145 ff.).

5.2 Lösungsansätze für den Sudan-Konflikt – aktuelle Entwicklungen

Seit 1994 existieren intensive Bemühungen, den Konflikt im Sudan mit Hilfe internationaler Vermittlung zu beenden. 1994 einigten sich alle politische Parteien auf das Selbstbestimmungsrecht für den Südsudan als eine mögliche Lösung des sudanesischen Konfliktes. Die Umma-Partei des Nordens unterzeichnete damals mit der SPLA/M ein separates Abkommen in Chukudum/Südsudan. Beide Parteien verpflichteten sich das Recht auf Volksabstimmung für den Süden zu ermöglichen. Die Oppositionsparteien unter dem Dach der „Nationalen Demokratischen Allianz" (NDA), deren Mitglieder sowohl Nord- als auch Südsudanesen sind, bekräftigten ihr Einverständnis dieses Recht anzuerkennen. Nach dem „Final Communique" der NDA vom 15. bis zum 23.6.1995 wurden folgende Eckpunkte zur Lösung des Sudankonfliktes verabschiedet:

- „Recht auf Selbstbestimmung

- Trennung zwischen Religion und Politik

- Ein Regierungssystem während der Übergangszeit" (Akok et al. 2002, S. 115)

1996 wurde zum ersten Mal in der Geschichte des Sudan die Volksabstimmung für den Südsudan durch eine Regierung in Khartum akzeptiert. Es folgte das sogenannte Khartum-Abkommen im April 1997 unter anderem mit dem South Sudan Independence Movement (SSIM/SSIA). Das Abkommen sah vor, das Selbstbestimmungsrecht durch ein Referendum in vier Jahren durchzuführen. Das Khartum-Regime und die Umma-Partei unterzeichneten 2000 ebenfalls das sogenannte Djibouti-Abkommen und verpflichteten sich damit, ein Referendum für den Südsudan zuzulassen und dessen Ergebnis zu akzeptieren. Die Bundesregierung stimmte im Deutschen Bundestag am 24.4.2001 einem Referendum des Südsudan unter internationaler Aufsicht zu. Mit dem Referendum sollen sich die Menschen im Süden zwischen zwei Optionen entscheiden (Akok et al. 2002, S. 116):

- „Unabhängigkeit des Südsudan oder

- Einheit des Sudan mit einer neuen Auflage, z.B. einem konföderalen System" (Akok et al. 2002, S. 116)

Anfang Juli 2002 fanden in einem Vorort von Nairobi Friedensverhandlungen zwischen den Kriegsparteien im Sudan, nämlich der SPLM/SPLA und den Vertretern der Regierung Sudans statt. Diese Verhandlungen schienen nach Aussagen von Beobachtern ernst zu sein. Ein Friedensabkommen sei laut ihnen durchaus möglich. Verschiedene Positionspapiere wurden vorgelegt, darunter nicht nur welche der Kriegsparteien sondern auch welche der sudanesischen Zivilgesellschaft (Akok et al. 2002, S. 121). Das Ergebnis dieser Verhandlungen ist dem Verfasser nicht bekannt. Eine Folge des geringen Medieninteresses am Sudan.

5.3 Strategien gegen Terrorismus – Beispiel: Deutsche Friedenspolitik

Am 16.11.2001 legte die Bundesregierung einen Leitplan für die künftige deutsche Friedenspolitik vor. Darin sind folgende Punkte vorgesehen:

- „Schutz der eigenen Bevölkerung, des Friedens und der internationalen Sicherheit und Stabilität

- Ergreifung umfassender politischer, ökonomischer und humanitärer Maßnahmen im Kampf gegen den Terror

- Lösung schwelender Regionalkonflikte wie im Nahen Osten und in Kaschmir durch eine gemeinsame Anstrengung der internationalen Gemeinschaft

- Konsequente zivile Konfliktbearbeitung und Krisenprävention

- Das international vereinbarte 0,7-%-Ziel schrittweise im Entwicklungshaushalt umsetzen

- Mitwirkung islamischer Staaten an der Terrorismusbekämpfung

- Ausbau der humanitären Maßnahmen in Afghanistan

- Förderung des Dialogs der Kulturen und Religionen

- Bewahrung des Täterbezugs im Kampf gegen den Terrorismus

- Einrichtung eines Internationalen Strafgerichtshofes" (Akok et al. 2002, S. 155 f.)

6   Fazit

Die Geschichte des Sudans zeigt, dass hier zwei Landesteile, die eigentlich überhaupt nicht zusammengehören, im Laufe von Kolonialzeit und später Unabhängigkeit zusammengefasst wurden, wobei der Süden immer der leidtragende war. Eine Unabhängigkeit des Südens scheint spätestens nach den Erdölfunden 1979 als eher utopisch, weil der verarmte Sudan so eine potentielle Geldquelle kaum freiwillig aufgeben würde. Bleibt abzuwarten was künftige Verhandlungen erreichen werden und in wie weit die Welt am Schicksal des Sudan Anteil nehmen wird. Der Anti-Terror-Krieg der USA kann langfristig keine präventive Lösung sein, da die Wurzeln des religiös motivierten Terrorismus viel zu komplex und tief liegen, als dass eine militärische Lösung nützlich wäre. Zumal die USA auch ihre Absichten gerne mit eigenen marktstrategischen Interessen vermengen und da hat der Sudan wohl nicht die größte Lobby. Nur deshalb scheint der Sudan einem Angriff entgangen zu sein. Es ist auch an der Zeit, dass die Medien sich wieder mehr dem Krisenherd widmen um der Weltöffentlichkeit die Absurdität dieses Regimes zu zeigen. Vielleicht wird es eines Tages einen verheißungsvollen Neuanfang geben. Dies bleibt zu wünschen.

7　Literatur

- AKOK, Garang; Lado, T., Biel, M.R. (Hrsg.; 2002): Terrorismus im Namen des Islam und das Horn von Afrika. Der vergessene Konflikt im Sudan und die Rolle Osama Bin Ladens. Marburg.

- GIOVANNINI, Peter (1988): Der Sudan zwischen Krieg und Frieden. Wien. (Veröffentlichungen der Institute für Afrikanistik und Ägyptologie der Universität Wien 49. Beiträge zur Afrikanistik. Bd. 36).

- O'BALLANCE, Edgar (2000): Sudan, Civil War and Terrorism, 1956-99. New York.

- WIRTH, Werner (Hrsg.; 2000): Klett Perthes Kleiner Weltalmanach. Gotha.